AF396310

DE LA SUCCESSION

DES

MOUVEMENTS DU CŒUR,

RÉFUTATION

DES OPINIONS DE M. BEAU.

—◦◦◦—

Messieurs,

Nous avons en ce moment dans les salles Sainte-Jeanne et Saint-Antoine un assez grand nombre de malades atteints de lésions valvulaires du cœur, et à leur occasion j'ai le projet d'étudier avec vous la séméiologie de ces intéressantes affections. Vous savez avec quelle exactitude on parvient aujourd'hui dans la plupart des cas à établir le siége de l'altération cardiaque, quand on sait mettre en œuvre les moyens physiques d'exploration, et notamment l'auscultation. Et n'allez pas croire, comme certains sceptiques affectent de le dire, qu'il n'y ait aucune utilité sérieuse à ces recherches, que ce soient là de purs exercices de pathologie théorique; il me sera trop facile de vous prouver que, sans les notions fournies par un examen minutieux de l'organe, vous manquerez, ici comme ailleurs, de l'un des éléments les plus nécessaires pour porter un pronostic motivé, pour apprécier l'opportunité d'un traitement et choisir la médication la plus utile à vos malades.

Ce diagnostic local, dont l'importance vous paraîtra, je l'espère, de plus en plus évidente, est principalement fondé, comme vous le savez, sur l'auscultation des bruits du cœur; or ces bruits empruntent toute leur signification aux divers actes fonctionnels dont ils sont l'accompagnement et la traduction acoustique. De sorte que pour bien interpréter les bruits, il faut avant tout connaître les mouvements du cœur, toute la valeur des uns étant subordonnée à la manière dont on conçoit la succession des autres.

C'est de la sorte que je me trouve amené à traiter devant vous la question tant controversée des mouvements du cœur, question de physiologie normale qui tient et qui doit tenir une large place dans les études cliniques, parce que de sa solution dépend celle d'une foule de problèmes de physiologie morbide, de diagnostic, et de tout ce que le diagnostic entraîne avec lui. Vous ne vous étonnerez donc pas de me voir consacrer à ce sujet d'assez longs développements. S'il m'arrive d'attaquer avec quelque vivacité les opinions dissidentes d'un médecin dont autant que personne j'estime les travaux, — et tous vous avez déjà nommé M. Beau, — vous me le pardonnerez pour deux raisons : d'abord, à l'égard d'un savant aussi haut placé, une discussion approfondie est une marque de déférence, presque un devoir; et puis, quand ce savant émet des idées nouvelles avec une entière liberté de conviction, sans nul souci des traditions et des majorités, il donne par là le droit à quiconque le croit dans l'erreur de le combattre avec la même franchise et une égale indépendance d'esprit.

Les mouvements du cœur consistent en dilatations et contractions alternatives des oreillettes et des ventricules; ces expansions et ces resserrements, qui prennent le nom de *diastoles* et de *systoles*, rappellent jusqu'à un certain point le mouvement péristaltique des intestins. Le cœur des insectes, le cœur de l'embryon, nous offrent le type de cette ondulation dans toute sa simplicité; nous le retrouvons encore, quoiqu'un peu plus difficilement, dans le jeu compliqué du cœur simple ou double, malgré l'indépendance relative des cavités qui le constituent.

Or voici comment s'enchaînent ces mouvements alternatifs, d'après la théorie ancienne ou, comme l'appelle M. Beau, *orthodoxe*, théorie qui s'appuie d'un nombre infini d'observations faites sur le cœur des animaux inférieurs et des mammifères, sur le cœur de l'homme, dans les cas d'ectopie, etc. Tout à l'heure je vous ferai connaître la description que M. Beau a donnée à son tour de ces mêmes mouvements.

Succession des mouvements du cœur. — Doctrine ancienne.
Doctrine de M. Beau.

Étant reconnu en principe que le cœur droit et le cœur gauche fonctionnent simultanément, et que dès lors il suffit de noter ce qui se passe dans l'un d'eux ; étant établi également que la diastole et la systole alternent dans l'oreillette et dans le ventricule, de telle façon que l'une de ces parties se remplissant, l'autre se vide, et *vice versa ;* voici comment les choses se passent, suivant la doctrine ancienne.

Choisissons le moment où l'oreillette est en diastole, c'est-à-dire pleine du sang que les veines y ont versé. Les parois auriculaires se contractent, et le sang poussé dans le ventricule le remplit et le distend progressivement. A leur tour, les parois ventriculaires entrent alors en contraction, et font pénétrer l'ondée sanguine dans l'artère. Puis les mêmes phénomènes recommencent.

Ce mécanisme, que sa rapidité pourrait vous empêcher de saisir bien nettement, a été rendu plus visible, ou mieux lisible, au moyen du *cardiographe* de MM. Marey et Chauveau. Je vous montre ici deux lignes écrites, on peut le dire, par le cœur lui-même, sous une tension alternativement forte et faible : la ligne supérieure appartient à l'oreillette, l'inférieure au ventricule. Nous aurons à revenir plus d'une fois sur ce tracé. Quant à présent, je veux seulement attirer votre attention sur la parfaite simultanéité des tensions fortes dans l'oreillette et des tensions ventriculaires faibles ; ce qui exprime, sous une forme nouvelle et singulièrement précise, ce fait bien connu, que la contraction de l'oreillette correspond à l'expansion du ventricule, et réciproquement.

Tout autre serait le jeu du cœur, suivant M. Beau. « L'ondée sanguine, dit cet auteur, se forme dans l'oreillette, en est chassée par sa contraction, et pénètre *non pas successivement, mais en masse,* dans le ventricule, par son ouverture auriculaire, qui est considérable ; celui-ci se laisse dilater pour la recevoir, et *à l'instant même* il se contracte pour la chasser dans l'artère ; ce double mouvement est *très-rapide, comme convulsif,* de telle sorte que l'ondée sanguine *ne fait que passer* par le ventricule successivement dilaté et contracté. » (*Traité d'auscultation,* page 220.)

Cette description s'éloigne de la précédente en deux points essentiels :

1° Elle indique, comme se succédant instantanément, la dilatation et la contraction ventriculaires ; c'est ce que M. Beau a cherché ailleurs à peindre par le mot de *diasto-systole* du ventricule ;

2° Conséquemment avec cette première donnée, elle fait succéder un long repos à la systole, repos pendant lequel le ventricule resterait vide et contracté, et l'oreillette se remplirait de sang.

Il y a une troisième différence que je dois maintenant vous signaler, c'est celle relative au *choc* que la pointe du cœur imprime à la paroi pectorale. Suivant la théorie ancienne, cette impulsion est en rapport avec la contraction des ventricules, tandis que M. Beau l'attribue à leur diastole, c'est-à-dire à la première fraction de son mouvement *diasto-systolique.*

(Vous remarquerez, Messieurs, que j'évite avec soin de me servir des expressions *premier temps, second temps,* qui pourraient prêter à confusion, et que je m'applique à vous indiquer toujours les actes physiologiques mêmes qu'on a coutume de comprendre sous ces désignations).

De ces deux descriptions des mouvements du cœur, quelle est la bonne ? Pour ma part, élève de M. le professeur Bouillaud, l'un des plus illustres promoteurs de la doctrine ancienne, ma conviction est faite depuis longtemps à cet égard. Mais je sens que je ne saurais la faire passer dans votre esprit si je ne commençais par réfuter en détail les assertions de M. Beau, relatives les unes à la physiologie, les autres à la pathologie du cœur. Je suivrai donc l'auteur sur ce double terrain, où il se défend depuis tant d'années avec une puissance de dialectique, un don de persuasion rares, et auxquels il ne manque pour devenir irrésistibles que d'être mis au service de la vérité.

Dans cette exposition, j'examinerai successivement :

1° Les faits allégués par M. Beau à l'appui de la thèse qu'il soutient ;

2° Les objections qu'il élève contre la doctrine de ses adversaires.

Si je réussis à vous prouver que les faits sont erronés, que les objections ne portent pas, il me restera encore à démontrer directement la vérité de la doctrine ancienne. C'est par là que je terminerai.

PREMIÈRE PARTIE. — *Examen des faits qui servent dè base à la nouvelle théorie.*

Ces faits sont de deux ordres ; ils appartiennent les uns à l'expérimentation, les autres à la clinique. Je vais les passer rapidement en revue.

1° *Faits physiologiques.* — Les expériences tentées par M. Beau sur les oiseaux, les chiens, les lapins, dans le but de saisir l'enchaînement des mouvements cardiaques, ne lui ont pas donné, de son propre aveu, des résultats bien concluants.

Toutefois, il insiste sur un fait expérimental de nature, selon lui, à prouver que chez ces animaux c'est encore la contraction brève et énergique de l'oreillette, qui d'un bloc lance l'ondée sanguine dans le ventricule : la pointe du cœur étant réséquée ou une plaie étant faite à l'un des ventricules, on voit le sang s'échapper en jet à chaque contraction *auriculaire*, et à ce moment seulement. Cette expérience n'a pas, ce semble, une grande valeur ; car si l'incision est étroite, traversant une paroi épaisse, elle ne permettra au sang de jaillir que sous l'influence d'un surcroît de pression, condition que la systole du ventricule est éminemment propre à réaliser ; si au contraire la plaie est très-large, il s'écoulera aussitôt un flot de sang, et ce qu'on observe ne pourra en aucune façon éclairer sur le mécanisme normal du cœur. J'ajouterai qu'en faisant de ces incisions, j'ai toujours vu le jet de sang coïncider avec la systole ventriculaire.

Mais laissons ces expériences douteuses, et venons-en à l'examen du cœur de la grenouille, cœur simple (c'est-à-dire à oreil-

lette et à ventricule uniques), transparent et de plus susceptible,
après l'ouverture du péricarde, de continuer pendant plusieurs
heures à battre régulièrement, avec une fréquence modérée;
autant de conditions précieuses qu'on ne trouve pas facilement
ailleurs. M. Beau attache une extrême importance à ses observations sur la grenouille; il s'y retranche comme dans une for-
teresse inexpugnable. Et je pense qu'on a eu grand tort d'accor-
der à la théorie nouvelle son prétendu fait-principe, se bornant
à repousser par la suite lés arguments qu'elle tire à bon droit
de l'analogie du cœur des batraciens et du cœur des mammifères. Avec un logicien tel que M. Beau, toute concession pa-
reille peut devenir une grave imprudence. Renseignons-nous,
par conséquent, tout d'abord et le plus exactement possible, sur
ce qui se passe dans le cœur de la grenouille.

Je vous engage à bien examiner les préparations que je mets
sous vos yeux.

Ce sont des grenouilles dont j'ai ouvert le péricarde et mis le
cœur à nu. L'organe bat avec un calme parfait, 44 fois par mi-
nute, ce qui est le degré de fréquence normal (je m'en suis as-
suré en comptant sous le microscope le nombre de pulsations
artérielles dans la membrane natatoire chez des grenouilles in-
tactes). Aucune cause d'erreur possible. Eh bien, remarquez-
vous rien qui ressemble à un mouvement de déglutition ou au jeu
de la détente d'une arme à feu (ce sont là des comparaisons fa-
milières à M. Beau)? découvrez-vous rien de cette hâte convulsive avec laquelle le ventricule, en un moment imperceptible,
se dilaterait, puis reviendrait sur lui-même, pour demeurer ensuite au repos, en contraction tonique? Non. Ce que vous voyez,
je vais vous le dire :

1° Vous observez d'abord que la systole de l'oreillette et la
diastole du ventricule sont exactement synchrones; ce ne sont
pas deux actes successifs et très-rapprochés; c'est un seul et même
acte se manifestant sur l'oreillette par le retrait, sur le ventricule
par l'expansion. Je vous supplie de bien noter ce premier point,
qui est capital.

2° Fixez encore votre attention sur les mouvements alternatifs de l'oreillette et du ventricule; à mesure que le ventricule se vide en se contractant, voyez comme l'oreillette se

distend progressivement. Jamais le volume du cœur ne change. Je vous défie de saisir un moment, si court soit-il, où le ventricule étant vide et au repos, l'oreillette ne soit pas déjà à son *maximum* de plénitude et toute prête à chasser le sang dans le ventricule.

3° A peine la diastole du ventricule terminée, vous voyez commencer la systole, systole non point brusque, convulsive, mais au contraire graduelle, lente, très-lente ; elle occupe environ les 4/7ᵉˢ de la durée totale d'une série ou révolution cardiaque. Avec cette systole ventriculaire, vous voyez coïncider la réplétion du bulbe aortique ou diastole artérielle.

4° Entre le moment où le ventricule a fini de se remplir et celui où il commence à se vider, comme aussi entre l'instant où sa contraction est achevée et le début de sa diastole nouvelle, veuillez remarquer ces deux très-légers intervalles de repos ; leur durée vous apparaîtra à peu près égale aux deux moments que je viens d'indiquer. Il s'en faut que vous constatiez, d'une part, une succession précipitée de mouvements sans repos appréciable, et, d'autre part, une pause prolongée.

5° Tâchons maintenant de nous rendre compte de ce qui concerne l'*impulsion*. Vous voyez qu'elle commence avec la systole ventriculaire, et que dans la région de la pointe (où elle est un peu plus marquée), comme sur toute la paroi que vous avez sous les yeux, elle persiste aussi longtemps que le ventricule reste ferme, durci par la systole.

Une impulsion analogue accompagne la contraction de l'oreillette.

Afin de vous faciliter l'observation de ce phénomène, j'ai construit un petit appareil fort simple : ce sont deux leviers taillés dans des copeaux de plume à écrire. L'un, teint en rouge, repose par un petit prolongement sur la face antérieure de l'oreillette ; l'autre, vert, appuie sur la face antérieure du ventricule. Extrêmement légers et de plus très mobiles, ces deux brins de plume tendent à s'enfoncer dans la paroi cardiaque quand elle est molle (diastole) ; ils sont, au contraire, repoussés et s'élèvent quand elle vient à se durcir (systole). Observez le jeu de ce petit appareil, et notez avec soin le rapport de l'abaissement ou de l'ascension des leviers avec l'état du cœur, tantôt coloré et flasque (diastole), tantôt pâle, résistant, ridé à sa surface (systole). Que remarquerez-vous ? Le levier de l'orcillette s'élève pendant un temps très-court (2/7es d'une révolution) , pour tomber aussitôt après et demeurer abaissé (4/7es) ; le levier ventriculaire, après un soubresaut bien marqué, reste long-temps soulevé (4/7es), puis il tombe, demeure un instant abaissé (2/7es), puis remonte encore, etc.

Ou je m'abuse, ou il vous aura suffi de quelques minutes d'attention pour être en mesure de juger la théorie de M. Beau. Laissez-moi cependant contrôler avec vous tous les détails de la description tracée par cet auteur, et, le cœur de la grenouille sous les yeux, nous reverrons ensemble ce qu'il avance : *a.* au sujet des *systoles ;* — *b.* relativement aux *diastoles ;* — *c.* quant aux intervalles de repos ; — *d.* enfin à l'égard du *choc.*

a. Systoles. — Où est, je le demande encore, ce mouvement prestigieux qui, escamotant pour ainsi dire l'ondée sanguine , la pousse en un clin d'œil à travers le ventricule successivement dilaté et contracté ? Au lieu de cela , voici d'abord la systole de l'oreillette (2/7es de la durée d'une révolution) avec la diastole ventriculaire qui en est inséparable. Puis voici la systole du ventricule. Celle-ci, vous la contemplez à votre aise : elle s'accomplit graduellement, posément, et vous constatez... qu'à elle seule elle dure plus que tous les autres mouvements réunis , même si vous y ajoutez le repos (4/7es).

La disparate ne saurait être plus complète entre la description et l'objet à décrire.

b. Diastoles. — Nous trouvons ici de nouvelles inexactitudes, conséquences inévitables des premières.

Ainsi, pour M. Beau , la *diastole de l'oreillette* commence après l'achèvement de la contraction ventriculaire. Je vous signale cette assertion comme renfermant une double erreur, de fait et de raisonnement. D'abord rien ne vous est plus facile que de voir , contrairement au dire de M. Beau , le *début* de la diastole auriculaire coïncider avec le *début* de la systole ventri-culaire, et non avec sa fin. A l'œil nu , et mieux encore à la loupe , vous saisirez sans peine le moment où commencent à paraître les premières rides transversales, indices de la contraction du ventricule ; c'est à ce même instant-là que vous verrez le levier supérieur tomber en déprimant la paroi molle de l'oreillette. De cette façon, vous aurez la preuve d'un synchronisme absolu entre les deux phénomènes signalés comme successifs, savoir, la systole ventriculaire et la diastole auriculaire.

J'ai dit qu'en niant ce synchronisme obligé M. Beau avait tort, même au seul point de vue de la logique. N'a-t-il pas établi et reconnu lui-même, ce qui est parfaitement vrai, que pendant le jeu alternatif de l'oreillette et du ventricule, le volume du cœur ne change jamais ? Ce qui veut dire que la portion supérieure se rétrécit au fur et à mesure que la portion inférieure se distend ; ce qui veut dire aussi (car il est bon de rendre ici la contradiction flagrante même dans les mots) que la portion supérieure se dilate juste dans la même mesure où l'inférieure se resserre. Si, par impossible, la contraction ventriculaire et la dilatation auriculaire ne marchaient pas de front, si l'un de ces actes retardait sur l'autre, qu'en résulterait-il ? Qu'un moment pourrait exister où déjà le ventricule serait vide, tandis que l'oreillette n'aurait encore reçu que la moitié de l'ondée sanguine, et alors le volume du cœur, ce volume qu'on déclare pourtant fixe et invariable, se trouverait diminué de moitié !

Passons à la *diastole ventriculaire*. M. Beau la veut brusque, brève, d'un seul bond ; il veut que d'abord l'oreillette se laisse patiemment distendre par le sang sans que le ventricule en reçoive une goutte, mais qu'à un instant donné, la résistance étant vaincue, ce ventricule se remplisse *subitement* pour se vider aussitôt. Est-ce bien là ce que nous voyons ? Consultez le petit levier ventriculaire. Tout à l'heure vous l'avez vu, pendant la systole, soulevé par la paroi cardiaque, qui était ferme, pâle, ridée ; voici qu'il retombe, à présent que cette paroi devient molle, que ses plis s'effacent, que le ventricule se colore. Ceci est la diastole ventriculaire. Le temps pendant lequel le levier reste abaissé est court sans doute, mais il est aisément appréciable (2/7es d'une révolution, durée précisément égale à celle de la systole auriculaire).

Maintenant, avec un petit fragment de liége, chargeons l'extrémité opposée de ce levier ventriculaire, et par là rendons-le si léger qu'il se maintienne presque en équilibre et ne puisse déprimer la paroi du cœur, si molle qu'elle soit. Vous voyez que dans ces nouvelles conditions il se soulève progressivement et sans hâte pendant que le ventricule rougit et se remplit de sang pendant sa diastole ; puis lorsque cette diastole est terminée, au moment même où les premières rides apparaissent à la surface du ventricule annonçant le début de sa contraction , vous le voyez brusquement, subitement lancé en l'air par la systole même, se maintenir élevé jusqu'à la fin du mouvement systolique et subitement encore retomber tout à fait.

Ainsi, vous n'en doutez plus, la diastole ventriculaire est progressive , et pendant sa durée le ventricule est dépressible et mou. Le seul mouvement brusque , subit et percutant qui se manifeste ici , est le *début de la systole ventriculaire.*

c. Repos. — Vérifions encore une fois ce que notre petit appareil nous a fait voir à l'égard des intervalles qui marquent le passage d'un mouvement à un autre, et confrontons ces observations avec celles de M. Beau.

Vous avez enregistré un premier repos entre la diastole ventriculaire et la systole qui la suit, dans cet intervalle tout idéal, où, suivant l'ingénieuse nomenclature de M. Beau, la place manque pour l'émission complète du mot diastole, si bien qu'un trait l'indique dans le terme imitatif de *diasto-systole.* Et j'insiste sur l'existence de ce très-léger repos (un peu moins de 1/7ᵉ de révolution), parce que sa réalité bien constatée ruine l'hypothèse d'un mouvement convulsif , la comparaison avec le mécanisme d'une arme à feu, etc.

Mais s'il y a intérêt à rétablir ce premier intervalle supprimé, nous en avons bien plus encore à réduire à sa juste durée le second , si singulièrement allongé par la théorie de M. Beau. Il s'agit du repos que vous avez noté entre chaque révolution du cœur et la révolution suivante, ou, si mieux vous aimez, entre la systole ventriculaire et la diastole qui lui succède. Cette fois, M. Beau exige une longue pause, et nous ne trouvons rien qu'un temps d'arrêt extrêmement court (*un peu plus de* 1/7ᵉ de révolution).

d. Nous voici arrivés à la question du *choc.* Commençons par

consulter de nouveau notre petit levier inférieur. Au moment
même où le ventricule vient à se rider, à pâlir, à se durcir,
nous voyons ce levier lancé en haut par un assez brusque
soubresaut, puis il se soutient dans cette position élevée aussi
longtemps que dure la rigidité systolique. L'impulsion est sen-
sible dans tous les points du ventricule, toutefois un peu plus
apparente dans la région de la pointe. Il est donc bien manifeste pour vous que le choc est systolique et non diastolique,
comme le prétend M. Beau : quand la diastole arrive, notre
levier tombe et déprime la paroi cardiaque. Tenons-nous-en
pour le moment à cette simple constatation d'un fait ; nous
n'aurons que trop à y revenir par la suite.

2° *Faits pathologiques*. — Les preuves alléguées par M. Beau
en faveur de la thèse qu'il soutient sont au nombre de *deux* :
premièrement, les expériences sur la grenouille ; je vous en ai
suffisamment parlé ; deuxièmement, un fait pathologique dont
il me reste à vous entretenir.

Ce fait, le voici :

Existence d'un bruit anormal au premier temps dans les cas
de rétrécissement mitral.

Un mot d'explication d'abord pour ceux d'entre vous qui ne
posséderaient pas sur les bruits du cœur des notions complètes.
Soit une lésion de l'orifice auriculo-ventriculaire, gênant le passage du sang de l'oreillette dans le ventricule ; il s'ensuivra un
frottement, et par suite un bruit anormal ou souffle. Celui-ci,
nécessairement lié à l'acte fonctionnel dont il indique l'accom-
plissement difficile, deviendra un excellent moyen de contrôler
le mode de succession des mouvements du cœur. Est-il syn-
chrone au deuxième bruit normal (au *tac* du *tic-tac* normal)?
c'est que c'est effectivement à ce moment-là que s'opère la contraction de l'oreillette avec dilatation du ventricule, comme l'é-
tablit la doctrine ancienne ; que si, au contraire, le souffle
accompagne ou remplace le premier bruit (le *tic* du *tic-tac* normal), ce sera la preuve d'une diastole ventriculaire s'accomplissant à l'instant où ce premier bruit se fait entendre, et comme
conséquence la preuve d'une erreur dans la théorie. Alors, pour

tout concilier, M. Beau interviendra avec l'expédient de la diasto-systole, de la pause, etc.

Examinons donc de plus près ce fait si gros de conséquences doctrinales. Voici un malade affecté de lésion mitrale ; vous entendez chez lui un souffle à la place du premier bruit normal ; ce souffle, vous dit-on, résulte du rétrécissement de l'orifice. Mais n'êtes-vous pas tout d'abord frappés des caractères étranges qu'il présente ? Pour être l'effet d'une contraction aussi faible relativement que celle de l'oreillette, ne vous semble-t-il pas que l'intensité et la rudesse de ce souffle sont bien grandes ? Puis vous remarquez avec surprise qu'au lieu d'avoir la brièveté à laquelle vous devez vous attendre, puisqu'on suppose la diastole ventriculaire si courte qu'à peine la peut-on nommer (*diastosystole*). Ce souffle est, au contraire, long, comme *filé*... Objecterez-vous que l'oreillette étant hypertrophiée et la marche du sang retardée, ces anomalies peuvent à la rigueur s'expliquer ? Soit ; mais voici qui achèvera de vous dérouter : pendant que vous auscultez la région précordiale, placez un doigt sur la carotide, vous sentirez la pulsation artérielle (quelquefois vous la sentirez même dans la radiale) *avant que le bruit anormal ait cessé de se faire entendre*. Pour le coup, il vous est absolument interdit de croire qu'un pareil bruit puisse être l'effet du rétrécissement mitral ; car, à moins de posséder le don d'ubiquité, l'ondée sanguine ne saurait être à la fois ici et là ; car il est physiquement impossible que déjà elle soit arrivée dans le système artériel, quand vous croyez l'entendre qui ne fait que s'acheminer péniblement vers le ventricule ; car enfin l'orifice où vous supposez que le sang passe en frottant pour produire le souffle est de toute nécessité déjà fermé au moment où se fait la propulsion du sang dans les artères. Cette particularité, et je vous la signale comme fréquente, prouve à elle seule que le rétrécissement auriculo-ventriculaire n'est pas ce qui produit le souffle du premier temps.

Si c'était ici le lieu de faire l'histoire des lésions mitrales, je vous montrerais comment la difficulté soulevée par M. Beau se résout simplement et naturellement en tenant compte d'un fait important qui existe presque toujours avec le rétrécissement de l'orifice. Je veux parler de l'*inocclusion de la valvule auriculo-ventriculaire ;* je ferais cesser d'un mot la surprise que l'intensité, la rudesse, la longue durée du bruit anormal, vous ont tout à l'heure causée; et s'il vous arrivait de percevoir tout ensemble et le bruit anormal du premier temps et les pulsations de la carotide, vous n'auriez aucune peine à comprendre la simultanéité de ces deux phénomènes; rien ne vous étonnerait moins que de voir le sang, sous la pression puissante du ventricule gauche, se diviser en deux colonnes divergentes, l'une pour le système artériel où il *entre*, l'autre pour l'oreillette mal fermée, où il *rentre* au même moment, en donnant lieu à un bruit anormal.

Il est vrai que M. Beau n'admet guère cette conséquence de l'insuffisance valvulaire. A son avis, l'ondée sanguine, trouvant d'une part l'orifice artériel libre et béant, et de l'autre l'orifice mitral rétréci, se dirige du côté où l'accès est le plus facile. Mais d'abord nous savons tous que les liquides comprimés transmettent une tension égale à tout ce qui est en contact avec eux; puis, même dans la supposition d'un choix à faire, mieux vaudrait encore pour le sang s'attaquer à l'oreillette, si mal aisé qu'il paraisse d'y refluer, qu'à l'aorte, où la résistance qu'oppose la tension du sang contenu est au moins dix fois plus grande.

Mais, je le répète, le moment n'est pas venu de faire une étude détaillée des lésions mitrales et de leurs symptômes. Une seule chose nous importe ici, c'est de prouver l'impossibilité où l'on se trouve de rapporter le souffle du premier temps à un rétrécissement auriculo-ventriculaire, et par conséquent à une diastole du ventricule s'accomplissant à ce même premier temps. Et c'est ainsi qu'après l'argument physiologique s'évanouit à son tour l'argument pathologique, mis en avant par M. Beau. Je ne m'arrête pas aux *trois faits* recueillis par l'auteur en 1836, 1838, 1839, et dans lesquels il dit avoir vérifié par l'autopsie l'existence d'un rétrécissement mitral exempt de toute insuffisance valvulaire concomitante chez des malades qui avaient présenté pendant la vie un bruit anormal du premier temps. A ces trois faits, s'il fallait les admettre comme concluants, nous pourrions opposer ceux que M. Hérard a publiés dans les *Archives de médecine*, et où la production d'un souffle *avant* le premier temps se trouve notée avec un rétrécissement mitral; au

besoin nous y ajouterions une observation des plus probantes,
prise récemment dans nos salles, et complétée à l'amphithéâtre.
Mais j'ai hâte d'abandonner une discussion qui menacerait de
devenir interminable, et content de vous avoir démontré le
seul point qui fût en cause, j'aborde maintenant la deuxième
partie de la tâche que j'ai entreprise.

DEUXIÈME PARTIE. — *Examen des critiques adressées par
M. Beau à la doctrine généralement admise.*

Autant la base sur laquelle M. Beau a édifié est simple
(vous avez vu que tout à peu près se réduit à l'observation de
la grenouille et à l'auscultation des souffles du premier temps),
autant sont, en revanche, nombreuses les attaques qu'il dirige
contre la doctrine traditionnelle. On dirait que ses adversaires
eux-mêmes, eux surtout, sont chargés de faire triompher sa
cause, et c'est dans leurs travaux qu'il cherche et qu'il croit
trouver ses meilleurs arguments. Voyons jusqu'à quel point il
y a réussi.

Première objection de M. Beau. — Vous convenez bien, dit
M. Beau, que l'oreillette se contracte, et même assez énergi-
quement ; montrez-moi donc la diastole ventriculaire, conséquence obligée de cette contraction ; et par diastole, j'entends
non point un simple relâchement des parois, mais la réplétion
du ventricule par le sang. L'ondée sort de l'oreillette, — « *que
devient donc cette ondée ?* » (Textuel).

Cette ondée, Messieurs, vous la voyez sur les grenouilles que
j'ai mises sous vos yeux, vous la voyez qui distend le ventricule, et à quel moment ? A ce même moment que M. Beau
consacre à la vacuité et à la contraction persistante. Vous la
voyez encore, cette ondée, avec tous les détails de sa tension,
sur le tracé cardiographique de MM. Marey et Chauveau que
M. Beau a récusé, pour des raisons encore à connaître. Si donc
la théorie de M. Beau est embarrassée pour déterminer la place
de la diastole ventriculaire, elle ne peut s'en prendre qu'à elle-
même, à son hypothèse originelle d'un mouvement convulsif
précipitant le sang à travers le ventricule, de l'oreillette jusque
dans l'artère. La doctrine commune est innocente de cette diffi-

culté que vous avez créée ; il serait donc souverainement in-
juste de lui en demander la solution. Pour ce qui est du repro-
che adressé par M. Beau à ses adversaires , de confondre un
simple relâchement avec la réplétion du ventricule, j'avoue que
le sens de cette accusation m'échappe : je ne connais d'autre
diastole, d'autre pause que celle pendant laquelle le sang remplit et distend le ventricule ; le mot même de diastole exprime
tout ensemble le relâchement du contenant et l'arrivée du
contenu.

Deuxième objection de M. Beau. — Contrairement à Harvey,
à Haller , à MM. Bouillaud, Hope , d'Espine, Barth et Roger,
contrairement aux comités anglais, M. Beau soutient que le
choc du cœur n'est possible que pendant la diastole. Vous avez
vu, et bien vu, le saut du petit levier vert coïncidant exactement
avec l'apparition des rides sur le ventricule, ou , en d'autres
termes, le parfait synchronisme de l'impulsion et de la systole
ventriculaire. Il s'agit maintenant d'apprécier la valeur des
raisonnements que M. Beau oppose à un fait si clair et si facile
à constater.

Faire succéder immédiatement la systole du ventricule à la
systole de l'oreillette, est chose impossible ; d'autre part, il est
avéré que le choc de la pointe du cœur suit de très-près la contraction de l'oreillette ; donc ce choc ne saurait être attribué à
la contraction des ventricules ; donc il est l'effet de leur diastole.

Je ne crois pas me tromper en vous signalant cet argument
comme l'un des plus graves qu'on puisse produire — contre la
doctrine de M. Beau. Eh quoi ! il serait impossible que la contraction ventriculaire ne suivît immédiatement celui de l'oreillette ? Mais cette prétendue impossibilité, c'est la réalité même,
évidente pour tous, évidente même pour M. Beau. Par moments,
il est vrai, cet auteur laisse échapper des phrases comme celle-
ci : « L'oreillette se contracte et immédiatement *après* le ventricule se dilate ; » ou encore : « La dilatation du ventricule
succède à la contraction de l'oreillette. » Mais le plus souvent
il insiste lui-même sur le synchronisme des deux actes en question. C'est qu'en effet il n'y a pas là succession, si rapide qu'on
la suppose, il y a simultanéité parfaite ; il n'y a pas deux pha-
ses d'un seul mouvement, il y a un mouvement unique, indivis,

2

dont les deux effets (systole auriculaire, diastole ventriculaire)
sont distincts dans l'espace, mais identiques dans le temps.
Quoi de moins impossible, par conséquent quoi de plus natu-
rel que de faire immédiatement suivre la *contraction* de l'oreillette de la *contraction* du ventricule? N'est-ce pas exactement
faire succéder la systole du ventricule à sa diastole? Ce quelque
chose d'intermédiaire dont parle M. Beau, n'est-il pas le premier
à le nier?

Troisième objection de M. Beau. — Un muscle creux ne saurait donner lieu à une impulsion qu'à la condition d'acquérir
un excès de volume; et son volume ne saurait s'accroître que
s'il est distendu par son contenu; donc le choc des ventricules
résulte de leur diastole.

« Admettre, dit M. Beau en développant cet argument, que
la masse ventriculaire puisse augmenter quand elle se contracte,
et que le sang soumis à une forte pression tienne plus de place
que sous une pression faible, c'est admettre l'absurde. » Sans
doute; mais dans la production du choc, il ne s'agit nullement
de volume qui augmente, il s'agit de forme qui se modifie. Vous
pouvez le vérifier de nouveau sur ces cœurs de grenouilles dont
la portion ventriculaire, de plate ou faiblement convexe, devient
à chaque systole globuleuse fortement bombée; regardez encore
sauter le levier ventriculaire au moment où se dessinent les
rides systoliques et où le ventricule s'arrondit.

J'ajouterai que l'idée que paraît se faire M. Beau de ce choc,
est tout à fait inacceptable : il le fait consister en un allonge-
ment de la pointe du cœur, en une sorte de proéminence, de
saillie en avant de l'organe. Ce n'est pas là ce que nous consta-
tions tout à l'heure; vous avez vu la pointe du cœur changer
d'état, mais non de place; molle ou rigide, sa situation reste
toujours invariablement la même, et le plan qu'elle affleure dans
la systole, elle l'affleure également dans la diastole.

Quatrième objection de M. Beau. — Elle est empruntée à la
pathologie et se fonde sur la violence du choc de la pointe chez
les malades affectés de rétrécissement mitral. L'hypertrophie de
l'oreillette, qu'on observe en pareil cas, semble à M. Beau la
seule cause possible de cette impulsion exagérée. Nous examine-

rons prochainement et le fait et l'explication ; pour aujourd'hui, il me suffira de vous faire observer qu'à la vérité l'oreillette hypertrophiée est plus puissante, mais aussi l'orifice auriculo-ventriculaire plus étroit, et précisément ces deux états organiques, hypertrophie et rétrécissement, se développent en raison directe l'un de l'autre. Avec tout son surcroît d'énergie, l'oreillette ne réussira donc qu'à grand'peine à charger le ventricule, et c'est en définitive dans ces conditions-là que le choc, supposé diastolique, devait être le plus faible.

Cinquième objection de M. Beau. — Williams rapporte l'expérience suivante : « Un fil est passé à travers la pointe du cœur, et un second à travers les parois au-dessus de l'orifice mitral ; une traction est exercée en dehors et en haut au point d'insertion, et l'on note ce résultat que dans chaque systole chaque fil est rendu plus tendu, et au moment de la tension de chaque corde, un doigt avait été placé sur le point où chaque corde avait été attachée, et il en résultait une double sensation : la première, celle de la traction du cœur et le rapprochement de ses extrémités ; la seconde, celle d'une impulsion extérieure dans le point des parois placé sous le doigt, indiquait l'ondulation du sang réagissant contre les parois des ventricules qui le compriment. » Il y a ici (s'écrie M. Beau) une contradiction des plus flagrantes et des plus matérielles qui se puisse voir ; car si le doigt, placé au point d'insertion du fil, éprouve une impulsion extérieure, cette impression doit arriver au fil comme au doigt, et dès lors il est impossible d'admettre *que dans le moment de l'ondulation le fil soit tendu.*

N'est-ce pas jouer sur les mots que de s'attacher au sens littéral du mot *ondulation ?* En observant le soubresaut du levier ventriculaire, auquel du reste vous pouvez substituer l'extrémité de votre doigt, est-ce que vous ne retrouvez pas très-nettement le double phénomène indiqué par Williams (dont au reste je vous donne l'expérience pour ce qu'elle vaut) : contraction du cœur, sentiment d'impulsion. En quoi une *diasto-systole* est-elle nécessaire pour vous expliquer cette impulsion ?

Sixième objection de M. Beau. — Cette fois, il s'agit d'un tube de verre introduit dans le ventricule (Rapport de Clendinning).

« On voit la colonne sanguine s'élever rapidement dans l'inté-
rieur du tube au premier temps (lisez : pendant la systole ventriculaire), et puis dans l'état de repos ou de pause (lisez : diastole ventriculaire); cette colonne s'abaisse et conserve un niveau
fixe pour remonter ensuite au premier temps. » « Il semblerait
d'abord, dit M. Beau, que puisqu'il reste du sang dans le tube
pendant la pause, le ventricule doit en contenir également;
mais cette conclusion n'est pas nécessaire; la présence du sang
dans le tube tient à ce que le ventricule *étant vide en ce moment*, les parois *peuvent* s'appliquer contre l'orifice du tube, et
retiennent ainsi la colonne sanguine emprisonnée, jusqu'à ce
qu'elle s'élève de nouveau *à l'arrivée subite* de l'ondée lancée
par l'oreillette. »

Jusque-là il n'y a encore que de grandes obscurités et une
interprétation complaisamment arbitraire. Mais voici qui est
fait pour nous surprendre davantage.

« Si, comme on le suppose, il y avait véritablement afflux du
sang dans le ventricule pendant la pause (lisez toujours : *pendant la diastole*, l'auteur anglais n'a jamais parlé d'autre chose),
non-seulement il devrait y avoir du sang dans le tube en ce
moment, mais encore la colonne sanguine *devrait s'y élever*,
moins peut-être qu'au premier temps (lisez : pendant la systole),
mais enfin elle ne devrait pas y conserver un point fixe; car enfin, pourquoi le ventricule se remplirait-il sans que le tube qui
est en libre communication avec lui se remplit également? »

La réponse à ce *pourquoi?* est simple. *Parce que* la cavité du
ventricule est assez ample pour loger tout le sang que l'oreillette
y fait entrer. Où est la nécessité, je vous prie, de voir monter
le niveau du liquide renfermé dans le tube? Et que prouve cette
expérience, sinon que la tension du sang est forte pendant la
systole, et faible pendant la *diastole qui y succède?*

Ce n'est pas tout. Dans les commentaires qui suivent le récit
de cette expérience, M. Beau mentionne certain mouvement
d'ampliation et de turgescence observé à la partie supérieure des
ventricules pendant la pause. (Je vous rappelle encore une fois
que *pause*, pour M. Beau, ne veut pas dire *diastole* comme dans
le langage physiologique usuel, mais bien au contraire systole
prolongée, vacuité du ventricule.) Ce mouvement d'ampliation

et de turgescence, d'où peut-il provenir? Serait-ce par hasard de la distension des ventricules par le sang? Non pas. M. Beau l'explique à sa manière par la réplétion des oreillettes. « Les oreillettes, dit-il, ne peuvent pas augmenter de volume sans que la partie supérieure des ventricules qui est placée au-devant d'elles soit portée en avant. » Mais alors vous vous demanderez sans doute, et je ne me charge pas de faire la réponse, vous vous demanderez comment cette même réplétion des oreillettes, qui soulève la paroi antérieure du ventricule, ne la décolle pas du même coup de la paroi postérieure, et pourquoi cette oreillette, au lieu de chasser le sang dont elle est surchargée dans une cavité toute prête à le recevoir, attend la fin d'un resserrement tonique qui n'existe pas?

Septième objection de M. Beau. — Le rapport de Clendinning mentionne une autre expérience dont M. Beau a su tirer le plus grand parti, et qui au premier abord semble déposer fortement en faveur de sa *diasto-systole.*

Un compas d'épaisseur est appliqué sur les ventricules, comme pour prendre le diamètre du cœur... Dans quelque direction que l'instrument fût appliqué pour embrasser les ventricules, le résultat uniforme était que les jambes de l'instrument étaient séparées avec force et s'éloignaient l'une de l'autre à chaque systole et se rapprochaient ensuite dans chaque diastole... « Si réellement, dit M. Beau, les ventricules augmentaient dans la systole et diminuaient dans la diastole, n'y aurait-il pas là de quoi renverser toutes les idées qu'on se fait sur l'action des muscles creux? »

Heureusement que, même sans le secours de la *diasto-systole,* un pareil renversement n'est pas à craindre, et cela en raison d'une toute petite particularité qu'on découvre dans la relation de Clendinning, et que voici : *Les jambes du compas étaient attachées ensemble par une corde élastique.* Vous saisissez tout de suite l'importance de cette élasticité ; grâce à elle, les branches du compas tendaient constamment à se rapprocher l'une de l'autre pendant que les ventricules étaient mous (diastole), et s'écartaient seulement quand ils devenaient rigides (systole). En d'autres termes, l'élasticité jouait ici, en l'exagérant, le rôle de la pesanteur dans le jeu de nos petits leviers, qui, eux aussi, dépriment le cœur ou sont repoussés par lui, suivant que les parois présentent la mollesse de la diastole ou la dureté systolique.

Huitième objection de M. Beau. — Sur les grands animaux, l'auteur prétend avoir senti distinctement, en introduisant le doigt dans l'orifice auriculo-ventriculaire, que cet orifice reste fermé après la systole du ventricule pendant la pause (qui n'est autre chose que la diastole des auteurs et la systole persistante de M. Beau).

Ceci serait très-grave. Mais le fait annoncé par M. Beau n'a été vu que par lui seul; d'autres personnes présentes à l'expérience n'ont rien perçu de semblable.

Une simple assertion relative à un fait infiniment plus délicat à contrôler que vous ne l'imaginez peut-être, voilà donc tout ce que M. Beau trouve à opposer aux admirables et accablantes expériences cardiographiques de MM. Marey et Chauveau. Car on ne peut vraiment tenir pour valable le reste de sa réponse, puisqu'il refuse d'opérer sur le seul tracé que ces expérimentateurs eussent déclaré suffisamment détaillé.

Telle est donc cette doctrine *hétérodoxe* : point de départ inexact (observations sur la grenouille), applications inadmissibles (souffle de rétrécissement mitral au premier temps), critiques mal fondées.

Parmi tant de témoignages qui affirment la vérité de la doctrine commune, ce n'est peut-être pas la preuve la moins bonne ni la moins décisive que l'impossibilité bien démontrée de soutenir la doctrine dissidente. Mais peut-être aussi vous semblera-t-il que toute discussion est superflue sur un point de science aussi positivement acquis, et au sujet duquel les expériences cardiographiques nous renseignent avec une netteté toute nouvelle en physiologie. Je le pense comme vous, et pour excuser la longueur de cette leçon, vous voudrez bien avoir égard moins à l'importance de la théorie que j'ai combattue qu'à la valeur éminente de son auteur.

J'aurai maintenant à vous exposer plus amplement la succession des mouvements extérieurs et intérieurs du cœur, étude que je ferai suivre de celle des bruits cardiaques à l'état normal et pathologiques.